GABRIEL JEAN REMY DIATTA

A meteorologia ao serviço da saúde

GABRIEL JEAN REMY DIATTA

A meteorologia ao serviço da saúde

Modelação epidemiológica do paludismo (parasita Plasmodium falciparum) na região de Ziguinchor

ScienciaScripts

Imprint

Any brand names and product names mentioned in this book are subject to trademark, brand or patent protection and are trademarks or registered trademarks of their respective holders. The use of brand names, product names, common names, trade names, product descriptions etc. even without a particular marking in this work is in no way to be construed to mean that such names may be regarded as unrestricted in respect of trademark and brand protection legislation and could thus be used by anyone.

Cover image: www.ingimage.com

This book is a translation from the original published under ISBN 978-620-6-72483-4.

Publisher:
Sciencia Scripts
is a trademark of
Dodo Books Indian Ocean Ltd. and OmniScriptum S.R.L publishing group

120 High Road, East Finchley, London, N2 9ED, United Kingdom
Str. Armeneasca 28/1, office 1, Chisinau MD-2012, Republic of Moldova, Europe
Printed at: see last page
ISBN: 978-620-8-20878-3

MODELIZAÇÃO EPIDEMIOLÓGICA DA MALÁRIA (PARASITA: PLASMODIUM FALCIPARUM) NA REGIÃO DE ZIGUINCHOR

GABRIEL JEAN R. L. DIATTA, FEVEREIRO DE 2024.

ÍNDICE DE CONTEÚDOS

RESUMO

A malária é um problema de saúde grave no Senegal. Dada a natureza sazonal da doença, a introdução de ferramentas de apoio à decisão, como a utilização de modelos para prever a ocorrência de epidemias de paludismo, seria de importância vital na luta contra a doença. Por conseguinte, este estudo contribui para uma melhor compreensão da relação entre o clima e o paludismo, com o objetivo de melhorar a vigilância e a gestão do paludismo. O estudo foi efectuado na região de Ziguinchor utilizando dados que abrangem um período de oito (08) anos, de 2015 a 2022. Foram utilizados dois tipos de dados mensais, nomeadamente dados meteorológicos e dados de saúde (número de casos confirmados de malária). A metodologia adoptada consistiu em análise gráfica, regressão linear simples e regressão linear múltipla. Os parâmetros mais relevantes foram selecionados através do método de eliminação retroactiva. Por fim, o modelo foi validado através de quatro (04) testes estatísticos (teste de Shapiro-Wilk, teste do fator de inflação da variância, teste de Durbin-Watson e teste de Goldef-Quandt), seguido de uma verificação de robustez através do diagrama de Taylor. O período favorável à ocorrência do paludismo é caracterizado pelo início do inverno, uma humidade relativa média que varia entre 67 e 90%, uma temperatura mínima superior a 22,4°C, uma temperatura máxima relativamente baixa, inferior a 33,3°C, uma velocidade do vento entre 0,78 e 1,5 m/s e uma duração do sol entre 9,1 e 10,8 horas. O paludismo foi significativamente correlacionado com a temperatura máxima mensal ($r= -0,66$, p*), a humidade relativa média mensal ($r=0,67$, p*) e a velocidade do vento mensal ($r=-0,86$, p**). No entanto, a precipitação, a temperatura máxima e a temperatura mínima são os parâmetros meteorológicos mais relevantes no modelo. O modelo é válido, reproduzindo bastante bem a sazonalidade da doença, mas tem uma fraca capacidade de previsão, tendendo a subestimar o número de casos de malária durante a estação das chuvas em até 40%.

Palavras-chave: modelização, malária, clima do Senegal.

INTRODUÇÃO

Numerosos estudos foram efectuados na tentativa de clarificar a relação entre o clima e as patologias humanas, vegetais e animais. As variações de temperatura, pluviosidade e humidade do ar ambiente podem, por conseguinte, influenciar a evolução dos ecossistemas (Passike et al., 2021). Isto afectaria significativamente o ciclo de desenvolvimento dos agentes patogénicos ou dos vectores biológicos e favoreceria a sua proliferação. De facto, a ideia de que a saúde e a doença humanas estão ligadas ao clima remonta à Antiguidade. O médico grego Hipócrates contava que "as epidemias estão ligadas à variabilidade sazonal do clima, pelo que quem quiser aplicar-se corretamente à medicina deve ter em conta as diferentes estações do ano e os seus efeitos na saúde humana, tendo em conta a sua posição geográfica" (Jouanna, 2020). Por vezes, o clima intervém através das oportunidades que oferece ao agente patogénico, ao seu vetor ou a um possível hospedeiro intermediário para se desenvolver e proliferar. Por vezes, actua diretamente sobre o corpo humano, enfraquecendo as suas defesas naturais. Noutras ocasiões, o seu papel é mediado pela disponibilidade de alimentos e pelo estado nutricional (Besancenot et al, 2004). Há muito que os estudos epidemiológicos sugerem que os factores meteorológicos, geralmente a temperatura, a humidade e o vento, podem influenciar a incidência de doenças infecciosas (Xiao et al., 2020). Durante a estação das chuvas, de junho a outubro, ocorrem doenças ligadas direta ou indiretamente à água, como a cólera, a malária, a filariose e a febre do Vale do Nilo (Penguin, 1978). Durante a estação seca, que é marcada principalmente por epidemias de meningite, o clima é caracterizado por ventos frequentes de leste carregados de poeira (harmattan). A isto junta-se uma queda significativa dos níveis de humidade e uma grande amplitude térmica diária.
Na África Ocidental, e mais especificamente no Senegal, tem-se observado que, ao longo dos anos, os picos das epidemias de paludismo ocorrem regularmente na estação das chuvas. Em termos de controlo epidemiológico, uma atenção renovada ao clima na prevenção do paludismo serviria para reconhecer tanto a natureza profundamente social desta doença como a natureza necessariamente holística da nossa resposta. Foram observadas tendências sazonais nas notificações de paludismo em vários países. De acordo com a OMS (2020), o paludismo é a doença infecciosa mais mortal do mundo e constitui um problema de saúde importante no Senegal, onde é endémico, com um aumento sazonal que representa cerca de 35% das consultas. O paludismo tem um impacto

significativo na saúde da população, causando repercussões negativas na economia do país devido à redução da produtividade de uma população afetada pela doença, a que se juntam os riscos de poluição aquando da pulverização de insecticidas, que podem ser tóxicos para os ecossistemas e levar ao aparecimento de insectos resistentes (Zongo, 2009). Observou-se que a doença está presente em todas as regiões do Senegal, com disparidades de distribuição e ao longo do ano, com períodos de alta e baixa contaminação. Especificamente, Ziguinchor, o pulmão natural do Senegal, está localizado na zona vermelha climática de máxima aptidão para a transmissão da malária (OMS, 2019). Tendo em conta estas considerações, a introdução de ferramentas de tomada de decisão, tais como modelos capazes de combinar dados e informações climatológicas, ambientais e epidemiológicas para prever a ocorrência de epidemias de malária, seria de importância vital na luta contra a doença.Este estudo contribuirá, portanto, para uma melhor compreensão da relação entre clima e malária, com vista a melhorar a vigilância e a gestão da doença na região de Ziguinchor. Especificamente, o estudo tem como objetivo avaliar as relações estatísticas entre cada parâmetro meteorológico e o paludismo; determinar as caraterísticas meteorológicas do período favorável à ocorrência do paludismo; identificar os parâmetros meteorológicos relevantes; e desenvolver um modelo epidemiológico de previsão do paludismo com base nos parâmetros meteorológicos relevantes.

CAPÍTULO I
MATERIAL E MÉTODOS

1.1 Justificação da escolha da zona de estudo

A zona de estudo é uma região fronteiriça entre o Senegal-Guiné-Bissau e o Senegal-Gâmbia. A região de Ziguinchor situa-se na zona vermelha climática de máxima aptidão para a transmissão do paludismo e apresenta uma variedade muito rica de facetas epidemiológicas, o que a torna um local muito interessante para o nosso estudo. A região foi escolhida devido à sua intensa atividade hortícola, que resulta em numerosos pontos de rega, e porque inclui bairros com um elevado potencial de locais de reprodução do An. gambiae (hortas, arrozais, poças). É preciso também lembrar que a região de Ziguinchor está a pré-eliminar o paludismo há vários anos (OMS, 2020).

1.1.1 Localização

A região de Ziguinchor situa-se entre as latitudes 12°33'N e 13°16'N e as longitudes 15°90'W e 16°80'W (Figura 4), com uma declinação magnética de 13°05. Cobre uma área de 7.339km2, ou seja, 3,73% do território nacional. Faz fronteira a norte com a República da Gâmbia, a sul com a República da Guiné-Bissau, a leste com as regiões de Kolda e Sédhiou e a oeste com o Oceano Atlântico (ANSD ,2019).

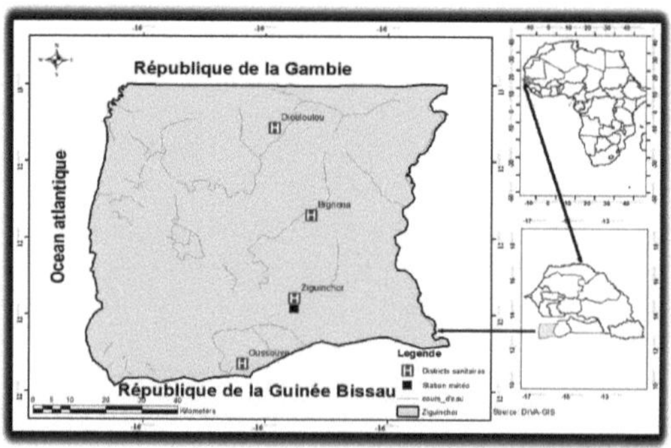

Figura 1: Mapa da região de Ziguinchor

1.1.2 Geografia

1.1.2.1 Formas de relevo e tipos de solo

O relevo da região é geralmente plano. Ao longo do rio Casamance, o nível é mais ou menos o do mar. Um pequeno troço de costa é constituído por terras baixas e está a menos de um metro acima do nível do mar, o que facilita a intrusão marinha nesta zona.

Os principais tipos de solo encontrados no perímetro regional são :

• Os solos hidromórficos dos vales são utilizados para a cultura do arroz e para a horticultura;

• Solos tropicais ferruginosos e ferralíticos arenosos ou areno-argilosos em planaltos e socalcos formando bacias hidrográficas, utilizados para culturas de sequeiro (amendoim, feijão-frade, arroz, etc.) e colonizados por formações lenhosas, na maioria das vezes palmeirais (ANSD,2019).

1.1.2.2 Vegetação e fauna

A região está sujeita à influência do clima sub-Guineense, que favorece uma pluviosidade elevada em relação às regiões do centro e do norte do país. Constata-se a formação de um domínio florestal constituído por florestas secas densas e florestas de galeria localizadas principalmente na parte sul. Os mangais e os palmeirais colonizam a zona fluviomarítima, existindo também plantações de toros. A região possui um importante potencial de vida selvagem. As galerias florestais e certas florestas classificadas contêm uma grande variedade de espécies animais, tais como guibes, duikers de faces vermelhas, duikers de costas amarelas e cercopitecíneos (macacos verdes, patas e colobus), porcos-espinhos e répteis. A vegetação rochosa, tão bem representada, é o habitat de eleição dos macacos verdes. No departamento de Oussouye, e mais concretamente em Santhiaba-Manjaque, o Parque Nacional da Baixa Casamança é uma zona importante de refúgio da fauna (ANSD,2019).

1.1.2.3 Hidrográfico

A rede hidrográfica da região é constituída principalmente pelo rio Casamance (rio semi-permanente que corre de junho a março). Este rio é alimentado pelo Soungrougrou, um afluente de 140 km, e pelos marigots de Guidel, Kamobeul, Bignona, etc. A superfície da bacia drenada é de cerca de 20 150 km², incluindo as grandes sub-bacias (Baïla: 1 645 km², Bignona: 750 km², Kamobeul: 700 km²,

Guidel: 130 km² e Agnack: 133 km²) com volumes muito variáveis que vão de 60 a 280 milhões de m3 /ano. O rio Casamance, com 350 km de comprimento, é frequentemente bordejado por mangais e invadido por águas marinhas até 200 km da sua foz (Diana Malari/Sédhiou), onde descarrega volumes muito variáveis: 60 a 280 milhões de m3 de água por ano (ANSD, 2019).

1.1.3 Climatologia

A região de Ziguinchor tem uma das taxas de precipitação mais elevadas do país (ANSD, 2019). A precipitação normal é de 1282,2 mm e há duas estações: uma estação húmida de junho a outubro e uma estação seca de novembro a maio, de acordo com a normal 1991-2020. A precipitação atinge o seu pico em agosto (Figura 5). Toda a região tem um clima quente, tropical de savana, mais ou menos seco (ANSD, 2019). A temperatura média normal é de 26,5°C, com um pico de 30°C em maio. As temperaturas baixas são registadas em dezembro, janeiro e fevereiro. As temperaturas são amenas durante a estação das chuvas (Figura 6).

Em geral, verifica-se uma relativa uniformidade na duração da insolação, que é significativa ao longo de todo o ano, com uma ligeira quebra no inverno devido à nebulosidade (ANSD ,2019).

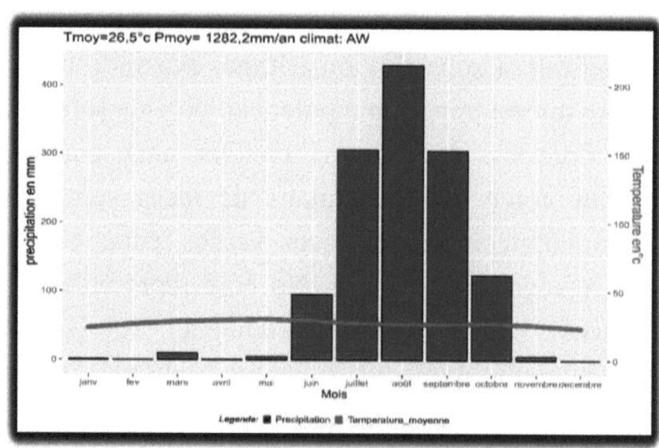

Figura 2: Diagrama umbrotérmico da região de Ziguinchor

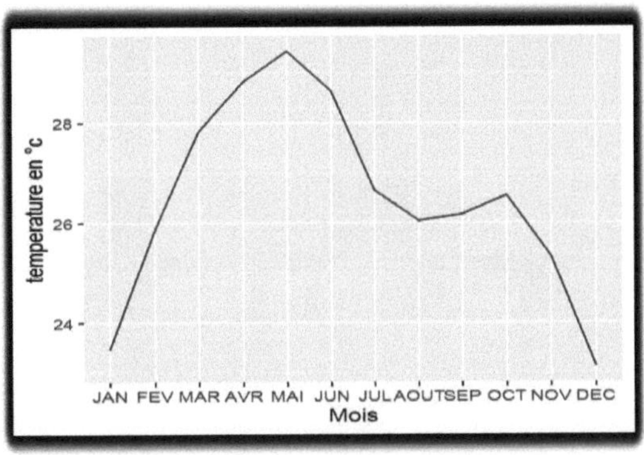

Figura 3: Variação mensal da temperatura média

A pluviosidade na região é muito variável, com anos alternados de défice e de excedente. Globalmente, a pluviosidade na região de Ziguinchor varia entre o défice e o excedente.

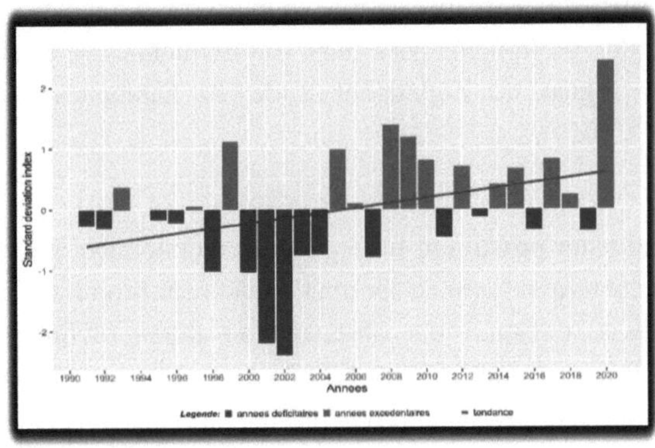

Figura 4: Índice de precipitação para o período normal de 1991-2020

Em termos de temperatura média, a região apresenta um elevado grau de variabilidade térmica, com alternância de anos quentes e frios. A tendência geral da temperatura normal da região de Ziguinchor varia pouco, embora passe de mais fria a mais quente do que o normal.

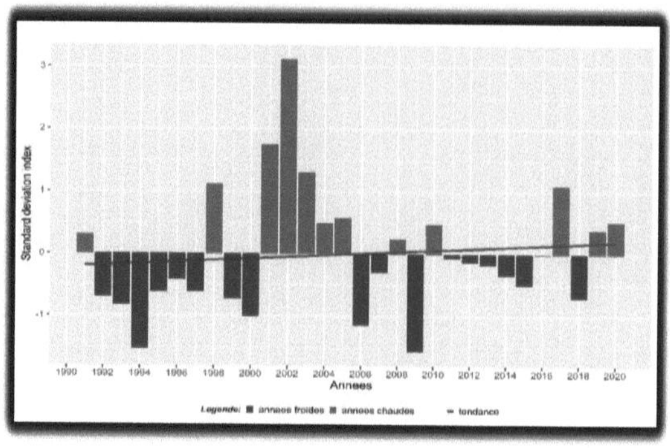

Figura 5: Índice térmico para a normal 1991-2020

1.1.4 População

A população da região de Ziguinchor mais do que duplicou nos 40 anos entre 1976 e 2019, passando de 242.980 para 662.179. A maioria desta população é jovem, mais de 70%. Os homens são mais numerosos do que as mulheres, com um rácio sexual de 106 homens para cada 100 mulheres. No total, a densidade populacional da região de Ziguinchor é de 90 habitantes por quilómetro quadrado (ANSD, 2019).

1.1.5 Economia

A região de Ziguinchor possui um forte potencial económico que favorece a sua emergência. No entanto, o facto de ser uma região sem litoral, combinado com a crise que atravessa, constitui um obstáculo ao desenvolvimento económico harmonioso. As principais actividades económicas são a agricultura, a pesca e o turismo. Este último tem registado problemas nos últimos anos devido à crise na região (ANSD, 2019).

1.1.6 Saúde

Em 2019, existiam 237 estabelecimentos de saúde públicos e semi-públicos na região de Ziguinchor. O número de estabelecimentos permaneceu o mesmo que em 2018. A maioria destes estabelecimentos são postos de saúde, que representam 51%, seguidos de centros de saúde, que representam 41% do total dos estabelecimentos de saúde públicos e semi-públicos da região. Existem apenas dois hospitais de cuidados primários na região, no departamento de Ziguinchor e mais especificamente na comuna de Ziguinchor. Existem 5 centros de saúde, 3 dos quais no departamento de Bignona; os departamentos de

Ziguinchor e de Oussouye dispõem cada um de um centro de saúde. O número de estabelecimentos de saúde públicos e semipúblicos não registou alterações entre 2018 e 2019. A região dispõe igualmente de vários estabelecimentos de saúde pública não hospitalares. Entre eles, a Pharmacie Régionale d'Approvisionnement (PRA), especializada em medicamentos e produtos essenciais. Esta farmácia regional desempenha um papel muito importante no fornecimento de medicamentos a outras farmácias públicas e privadas da região de Ziguinchor (ANSD, 2019).

1.2 Hardware

O material utilizado consiste num ficheiro meteorológico de parâmetros climáticos mensais para cada ano (2015 a 2022) da estação meteorológica sinóptica de Ziguinchor. Os parâmetros climáticos em questão são : Velocidade do vento (WIND), humidade relativa média (Umoy), temperatura mínima (Tn) e máxima (Tx), precipitação (rain) e duração da insolação (INSO). Os dados utilizados para os parâmetros climáticos são os dados de precipitação mensal acumulada e as médias mensais para os restantes parâmetros. Um ficheiro médico (número mensal de casos de malária de 2015 a 2022). Estes dados sanitários sobre o número de casos provêm do serviço de acompanhamento e avaliação do programa nacional de luta contra o paludismo (PNLP) na região médica. São constituídos por casos de paludismo em crianças com menos de cinco (5) anos de idade, mulheres grávidas e doentes com cinco anos ou mais.

> **Ferramentas informáticas utilizadas no estudo**

Foram utilizados vários instrumentos e programas informáticos para realizar, analisar e formatar os resultados deste estudo:
- **R versão 4.3.0**

A versão gratuita do R Desktop foi utilizada para o tratamento estatístico dos dados do estudo e para a apresentação de alguns resultados sob a forma de gráficos.
- **Pacote Microsoft Office 2021 (EXCEL e Word)**

Neste estudo, o EXCEL foi utilizado para formatar os dados climatológicos e epidemiológicos em formato R, enquanto o Word foi utilizado para a introdução de dados e processamento de texto.
- **ArcGIS versão 10.8**

O ArcGIS versão 10.8 foi utilizado para cartografar a área de estudo.

1.3 Métodos

1.3.1 Processamento de dados

Antes de processar os dados, foi efectuado o teste Jarque-Bera para verificar se os dados iniciais tinham uma distribuição normal.

A verificação da normalidade dos dados contínuos é um passo crucial antes de efetuar um teste de hipóteses que envolva uma ou mais variáveis contínuas. O objetivo é assegurar que as variáveis contínuas têm uma distribuição normal. Se for esse o caso, podem ser aplicados testes de hipóteses padrão. Se a condição de normalidade for violada, terá de ser encontrada uma alternativa "não paramétrica" ao teste de hipóteses.

➢ **Teste Jarque-Bera**

O teste de normalidade Jarque-Bera é um teste estatístico que avalia se uma distribuição de dados tem uma distribuição normal com base na assimetria e na curtose. Verifica se os dados têm uma assimetria e uma curtose semelhantes a uma distribuição normal (J. B. Cromwell et al., 1994).

➢ Se o valor de p >α: os dados seguem uma distribuição normal =H0 ;

➢ Se o valor de p < α: os dados não seguem uma distribuição normal =H1.

O teste Jarque-Bera foi efectuado utilizando o software R studio com base em dados meteorológicos e médicos.

O tratamento de dados envolve duas fases:

1.3.1.1 Tratamento descritivo O objetivo é :

- um cálculo de médias mensais durante oito anos para todas as variáveis, tanto meteorológicas como médicas;
- uma representação gráfica da variação média intra-anual dos diferentes parâmetros climatológicos;
- representações gráficas da variação média intra-anual e inter-anual do paludismo, com vista a determinar as variações temporais e, nomeadamente nos casos de picos importantes, a estudá-las separadamente;
- uma representação gráfica combinada da variação média intra-anual do número de casos de paludismo e dos diferentes parâmetros climatológicos destacados, com o objetivo de evidenciar as estações e os tipos de clima favoráveis à incidência do paludismo.

1.3.1.2 Análise de correlação entre cada parâmetro climatológico e o paludismo Foram utilizadas regressões lineares simples para determinar quais os parâmetros meteorológicos que têm uma influência significativa no paludismo.

Neste caso, as relações foram estudadas individualmente.

Para o efeito, o coeficiente de correlação (r) e o valor P foram calculados utilizando o software R Studio.

> **Coeficiente de correlação (r)**

O coeficiente de correlação (Equação 2) mede a força da relação linear entre duas variáveis. É calculado utilizando a seguinte fórmula:

$$r = \frac{cov(X,Y)}{XY}$$

Equação I-1: coeficiente de correlação

- Cov (X, Y) representa a covariância das variáveis X e Y ;

- e XY são os respectivos desvios-padrão ;

- X representa a variável explicativa (parâmetros meteorológicos) ;

- Y representa o número de casos de paludismo.

O coeficiente de correlação varia entre -1 e 1 (quadro 3). Quanto mais o valor da correlação entre as duas variáveis se aproximar dos extremos (-1 ou 1), mais forte é a correlação (oposta ou em fase). Inversamente, uma correlação de 0 significa que as variáveis estudadas são linearmente independentes.

Quadro 1: Interpretação dos coeficientes de correlação

correlationPositive correlation	Negative
from -0.5 to 0.0 (Low)	from 0.0 to 0.5 (Low)
from -1.0 to -0.5 (Strong)	from 0.5 to 1(Strong)

Fonte: Sawa, (1978)

> **Valor de p**

O valor p é utilizado na estatística inferencial para concluir sobre o resultado de um teste estatístico. O procedimento geralmente utilizado consiste em comparar o valor p com um limiar predefinido (geralmente 5%). Se o valor p for inferior a este limiar, a hipótese nula é rejeitada a favor da hipótese alternativa e o resultado do teste é declarado "estatisticamente significativo". Caso contrário, se o valor p for superior ao limiar, a hipótese nula não é rejeitada e não se pode concluir nada sobre as hipóteses formuladas (Cohen, 1983).

1.3.1.3 Modelação

Para este estudo, foi utilizada a regressão linear múltipla para modelar a variação sazonal do número de casos de malária.Neste caso, as relações estatísticas entre a malária e os parâmetros meteorológicos são estudadas nas suas interconexões globais. Esta abordagem é a mais próxima da realidade, porque na natureza, a influência de uma variável xi nunca é absoluta e individual, mas relativa e colectiva (Yaka, 2018) citado por (Passike et al., 2021).Os modelos de previsão podem ser usados para estimar o grau de risco esperado para uma determinada região num determinado momento.A modelação envolve o estabelecimento de uma relação de causa e efeito que pode ser traduzida numa equação de previsão da ocorrência de malária em função dos factores climáticos. Foi utilizado o método de regressão linear múltipla para gerar o modelo. É frequentemente aconselhável utilizar entre 60 e 80% do conjunto de dados inicial como conjunto de treino e os restantes 20 a 40% como conjunto de validação. No entanto, estas percentagens não são fixas (https://www.aspexit.com).

Os dados para este estudo foram divididos em dois conjuntos de dados:

- um conjunto de dados de janeiro a dezembro dos anos 2015 a 2020, denominado "conjunto de dados de treino" (que representa 70% dos dados iniciais), é utilizado para gerar o modelo;
- um conjunto de dados designado por "conjunto de dados de validação" que vai de janeiro a dezembro dos anos 2021 e 2022 (representando 30% dos dados iniciais), que foi utilizado para verificar o carácter preditivo do modelo gerado, dada a curta série de dados.

Todas as variáveis meteorológicas (**Xi**) mencionadas acima foram usadas como preditores para gerar o modelo. O modelo de previsão obtido é escrito na forma: **Y=aX1+bX2+...+zXi. Onde a, b e z representam os coeficientes.**

1.3.1.4 Seleção das variáveis mais relevantes

O método de eliminação backward foi utilizado para reter as variáveis mais relevantes no modelo. Este método começa com o modelo completo (todas as variáveis explicativas) e, em cada fase, a variável associada ao valor p mais elevado é eliminada do modelo até que as restantes variáveis tenham valores p inferiores ao limiar estabelecido (Jolion, 2003). É importante notar que cada vez que uma variável é removida, é efectuada uma nova regressão linear múltipla utilizando apenas as variáveis restantes.

1.3.1.5 Validação do modelo
Testes de validação do modelo

Um modelo pode ser fiável quando :

- os resíduos são distribuídos de acordo com a distribuição normal ;

- os resíduos são linearmente independentes (sem colinearidade) ;

- a variância dos resíduos é a mesma para todos os valores das variáveis explicativas (Homoscedasticidade);
• ausência de autocorrelação dos resíduos.

Foram utilizados quatro testes: o teste de Shapiro-Wilk (W), o Fator de Inflação da Variância (VIF), o teste de Goldfeld-Quandt (GQ) e o teste de Durbin Watson (DW).

➢ Teste de Shapiro-Wilk

O teste de Shapiro-Wilk é utilizado para verificar se os resíduos do modelo seguem uma distribuição normal. É essencial em muitos domínios da estatística porque os vários testes (VIF, DW, GD) pressupõem que os resíduos têm uma distribuição normal para serem válidos.
Uma aplicação dos testes de normalidade diz respeito aos resíduos de um modelo de regressão linear.

- Se o valor de $p < \alpha$: os resíduos não têm uma distribuição normal;

- Se o valor de $p > \alpha$: os resíduos têm uma distribuição normal (P. Royston, 1995).

➢ VIF (Fator de inflação da variância)

O VIF pode ser utilizado para verificar a multicolinearidade das variáveis dependentes do modelo. A multicolinearidade ocorre quando as variáveis explicativas do modelo estão altamente correlacionadas entre si. A presença de multicolinearidade pode alterar os resultados da previsão do modelo.
- Se VIF<5: não há colinearidade ;

- Se VIF >5, existe colinearidade (Akaike, 1974).

> **Goldfeld-Quandt :**

O teste Goldfeld-Quandt é utilizado para identificar a constância da variância do erro. Quando a variância dos erros é constante, fala-se de homoscedasticidade; quando não é, fala-se de heteroscedasticidade. O teste de homocedasticidade determina a homogeneidade da variância dos resíduos.
- Se o valor p < α: heteroscedasticidade dos resíduos ;

- Se o valor de p >α: Homoscedasticidade dos resíduos (Goldfeld e Quandt, 1965).

> **Durbin-Watson**

O teste de Durbin-Watson é utilizado para detetar a autocorrelação de primeira ordem dos erros numa regressão. Avalia se os resíduos de um modelo de regressão linear estão correlacionados entre si, o que pode comprometer a validade dos resultados. Este teste fornece uma estatística que assume valores entre 0 e 4, em que um valor próximo de 2 indica a ausência de autocorrelação. Se o valor for muito próximo de 0 ou 4, isso indica uma forte autocorrelação positiva ou negativa, respetivamente (Durbin e Watson, 1971).

1.3.1.6 Validação cruzada

Para garantir a exatidão da previsão, o modelo a implementar foi validado. O objetivo é provar que o modelo gera boas estimativas dos valores da variável em estudo. Para o efeito, foi necessário trabalhar com, pelo menos, um conjunto de dados de treino e um conjunto de dados de validação. De uma forma simples, os dados de treino foram utilizados para calibrar o modelo, enquanto o conjunto de validação foi utilizado para mostrar que o modelo é fiável e pertinente.
Uma vez criado o modelo com o conjunto de dados de treino, foi necessário calcular indicadores objectivos para avaliar se o modelo gerava previsões pertinentes para a variável em estudo. Assume-se que os valores "verdadeiros" desta variável são conhecidos para todos os conjuntos de dados de treino e de validação. Intuitivamente, para cada amostra do conjunto de dados de validação, pretende-se saber se os valores previstos pelo modelo estão próximos dos valores verdadeiros do conjunto de dados de validação (https://www.aspexit.com).

Os indicadores utilizados são os seguintes:

• Coeficiente de determinação: R2

$$R^2 = 1 - \frac{\sum_{i=1}^{n}(y_i-\hat{y}_i)^2}{\sum_{i=1}^{n}(y_i-\bar{y})^2}$$

(Equação I-2: Fórmula para R $)^2$

Onde n é o número de medições, yi é o valor da i-ésima observação no conjunto de dados de validação,
$\bar{y}$ é a média dos valores no conjunto de dados de validação e $\hat{y}_i$ é o valor previsto para a i-ésima observação.
Quanto mais próximo R^2 estiver de 1, melhor será a previsão (https://www.aspexit.com).

• O preconceito

O enviesamento permite avaliar se as previsões são ou não exactas e se o modelo tende a sobrestimar ou subestimar os valores da variável de interesse. O viés é calculado da seguinte forma:

$$Bias = \frac{\sum_{i=1}^{n}(\hat{y}_i-y_i)}{n}$$

((Equação I-3: Fórmula de polarização)

Quanto mais baixo for o desvio (próximo de 0), melhor será a previsão (https://www.aspexit.com).

• Diagrama de Taylor

O diagrama de Taylor é um instrumento que permite avaliar a capacidade do modelo de previsão para reproduzir corretamente as observações reais. Quanto mais próximos os pontos estiverem da linha de referência, mais robusto e exato se considera o modelo. Este facto permite tomar decisões de previsão mais informadas (Taylor, 2001).

2.1 Normalidade dos dados

Tabela 2: Teste de normalidade de Jarque Bera

Variáveis	Valor P	df	X-quadrado
Umoy	0.51	2	1.3174
Vento	0.60	2	1.0021
Malária	0.52	2	1.2948
Tn	0.56	2	1.1501
Tx	0.48	2	1.4359
Chuva	0.29	2	2.452
INSO	0.29	2	2.4692

Pressupostos do teste :

Se o valor de p >α: os dados seguem uma distribuição normal =H0 ;

Se o valor de p < α: os dados não seguem uma distribuição normal =H1.

Dado que, para todas as variáveis, o valor de P é superior ao limiar de 0,05, a hipótese H0 não pode ser rejeitada (Quadro 2). Podemos deduzir que os dados do estudo seguem uma distribuição normal.

2.2 Análise da variação intra-anual das variáveis meteorológicas

2.2.1 Análise da variação intra-anual da precipitação

O padrão de precipitação é unimodal, centrado no mês de agosto.

A Figura 8 mostra a variação da precipitação média mensal entre 2015 e 2022. A precipitação é quase nula entre novembro e maio, depois sobe de 0 a 500 mm entre maio e agosto e desce de 500 a 0 mm entre agosto e novembro. A precipitação média mensal é muito variável ao longo do ano, mantendo-se abaixo dos 110 mm. A precipitação acumulada durante a estação das chuvas (junho a outubro) representa mais de 98% do total médio anual.

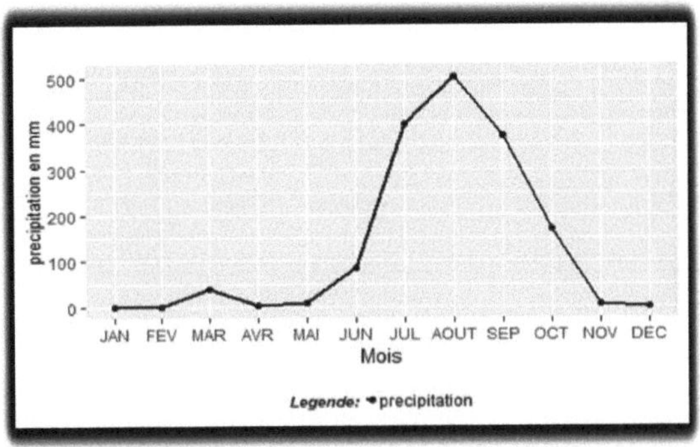

Figura 6: Variação intra-anual da precipitação de 2015 a 2022

2.2.2 Análise das variações intra-anuais de temperatura (máxima, mínima e média)

Existem três períodos com amplitudes térmicas contrastantes: um período com uma amplitude térmica elevada que decorre de janeiro a junho, outro com uma amplitude térmica baixa que decorre de julho a outubro e um último período com uma amplitude térmica moderada que decorre de novembro a dezembro.

A figura 9 mostra a variação da precipitação mensal entre 2015 e 2022 na região de Ziguinchor. Mostra que :

- as temperaturas máximas (Tx) oscilam entre 35°C e 41,7°C entre janeiro e maio, variam entre 41 e 32°C entre maio e agosto, mantendo-se depois relativamente estáveis entre agosto e dezembro.

- A temperatura média (Tmoy) oscila entre 24°C e 31°C entre janeiro e junho, mantém-se relativamente estável a 28°C entre julho e outubro, depois varia de 28°C a 24°C entre outubro e dezembro.

- A temperatura mínima (Tn) oscila entre 14°C e 23°C entre janeiro e junho, mantendo-se relativamente estável a 23°C entre junho e outubro, variando depois entre 23°C e 15°C entre outubro e dezembro.

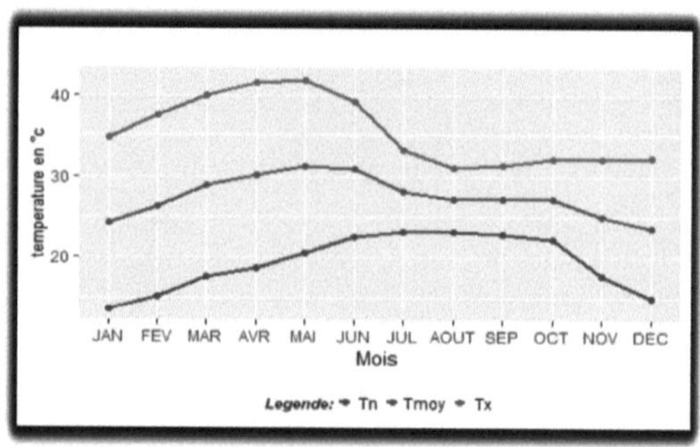

Figura 7: Variação intra-anual das temperaturas de 2015 a 2022

2.2.3 Análise da variação intra-anual da humidade relativa média

A figura 10 mostra a evolução da humidade relativa média mensal entre 2015 e 2022 na região de Ziguinchor. A análise mostra que a humidade média é mais baixa e estável a 43% entre fevereiro e março, depois varia de 43% a 90% entre março e agosto, depois permanece estável a 90% entre agosto e setembro, antes de cair de 90% para 52% entre setembro e janeiro. A humidade relativa média mensal varia consideravelmente ao longo do ano, indo de 43% em fevereiro a 90% em agosto. A humidade parece, portanto, ser elevada (>60%) durante o período de junho a dezembro e baixa (<60%) durante o período de janeiro a maio.

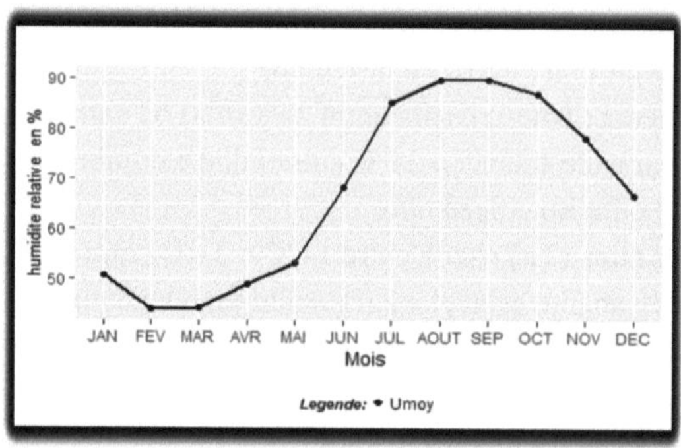

Figura 8: Variação intra-anual da humidade relativa média de 2015 a 2022

2.2.4 Análise da variação intra-anual do vento

A velocidade média mensal do vento ao longo do ano varia entre 0,78 m/s em outubro e 1,5 m/s em maio (Figura 11). A análise da variação intra-anual da velocidade do vento entre 2025 e 2022 mostra que a velocidade do vento varia de 0,8 m/s a 1,5 m/s entre outubro e maio, depois desce de 1,5 m/s para 1,25 m/s entre maio e julho, mantém-se relativamente estável a 1,25 m/s entre julho e agosto antes de atingir 0,8 em outubro. O valor mais elevado é observado em maio, enquanto os valores mais baixos são observados em outubro e novembro. O período de baixas velocidades do vento corresponde à estação das chuvas e o período de valores elevados corresponde à estação seca.

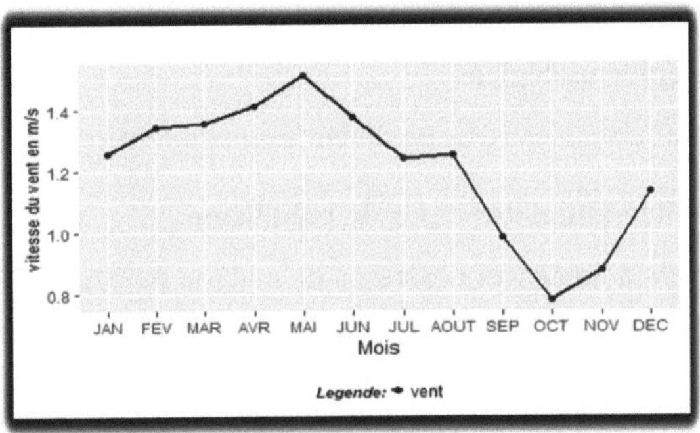

Figura 9: Variação intra-anual da velocidade do vento de 2015 a 2022

• Análise da variação intra-anual da duração da insolação

Distinguimos um período de curta duração da insolação devido à cobertura de nuvens correspondente à estação das chuvas e um período de longa duração da insolação na estação seca. A figura 12 mostra a variação intra-anual da duração da insolação entre 2015 e 2022 na região de Ziguinchor. Entre janeiro e maio, a duração do sol é mais ou menos constante em 12 horas, depois diminui de 12 horas para 8 horas entre maio e agosto, depois aumenta de 8 horas para 11 horas entre agosto e novembro. A duração média mensal do sol ao longo do ano situa-se entre 8 e 12 horas. A duração do sol varia pouco de novembro a maio e atinge o seu valor mais elevado em maio, em contraste com o valor mais baixo observado em agosto (8 horas).

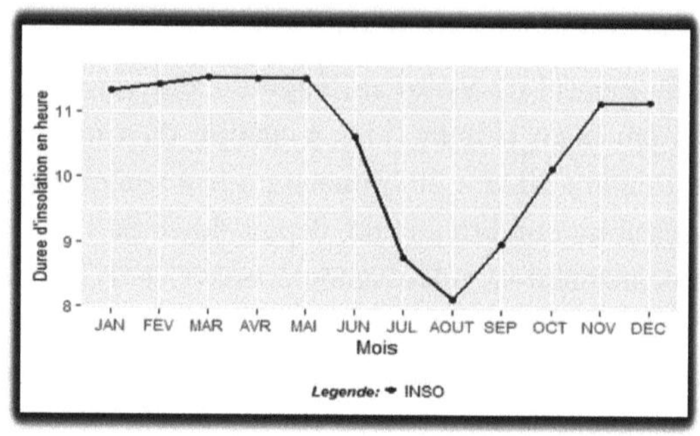

Figura 10: Variação intra-anual da duração da insolação de 2015 a 2022

2.3 Resultados epidemiológicos

Análise gráfica da relação entre os parâmetros climatológicos e o paludismo

2.3.1 Variação inter-anual dos casos de paludismo

A Figura 13 mostra a tendência dos casos de malária de 2015 a 2022. Observa-se uma diminuição, de 8094 para 3319 casos entre 2015 e 2018, seguida de um aumento de 3319 para 7254 casos de 2018 a 2020, e depois uma diminuição significativa em 2022. Durante este período, foi registado um total de 41 599 casos, com uma média anual de 5 200 casos. O pico máximo é atingido em 2015 com 8094 casos, enquanto o mínimo é registado em 2022 com 3145 casos.

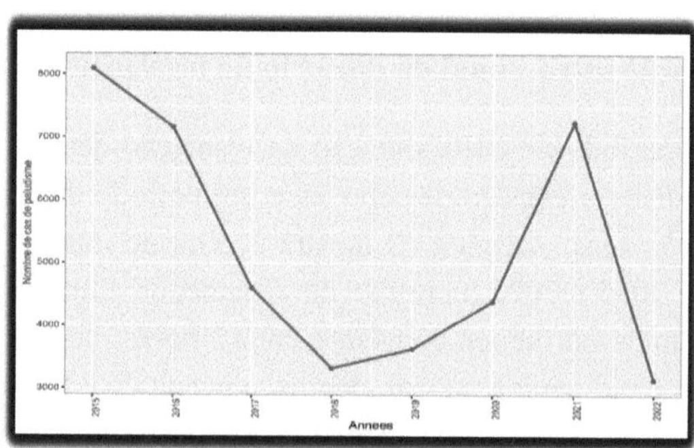

Figura 11: Variação inter-anual dos casos de paludismo de 2015 a 2022

2.3.2 Variação intra-anual dos casos de paludismo

A figura 14 mostra a variação intra-anual do número de casos de paludismo entre 2015 e 2022 na região de Ziguinchor. Entre janeiro e fevereiro, o número de casos de paludismo mantém-se constante em 230 casos, depois desce de 230 para 120 casos entre fevereiro e abril, depois aumenta de 120 para 300 casos entre abril e junho e mantém-se constante até julho, antes de aumentar exponencialmente de 300 para 650 casos entre julho e outubro e, finalmente, descer de 650 para 350 casos entre outubro e dezembro.

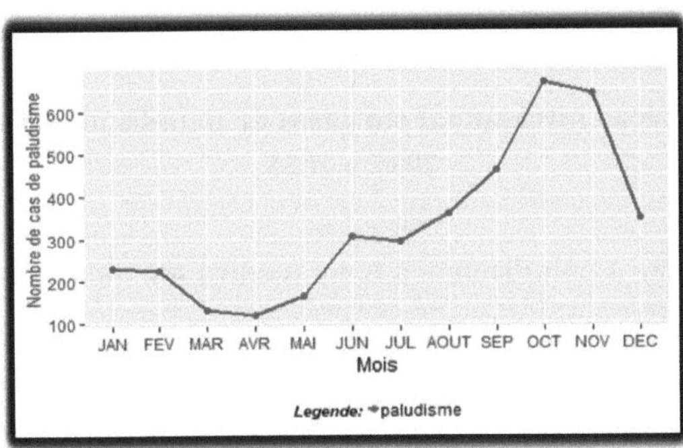

Figura 12: Variação intra-anual dos casos de paludismo de 2015 a 2022

2.3.3 Relação entre a malária e a pluviosidade

A Figura 15 ilustra a variação intra-anual da precipitação e o número de casos de paludismo entre 2015 e 2022. Há um pequeno pico no número de casos de paludismo em junho, que marca o início da epidemia. Segue-se um rápido aumento de casos de paludismo, que continua até atingir o seu pico em outubro, dois meses após o pico de precipitação em agosto. Deve dizer-se que o paludismo está presente ao longo de todo o ano, exceto que os números recorde de casos são mais comuns nos meses de inverno do que na estação seca, embora o pico seja registado, em média, no final dos meses de inverno.

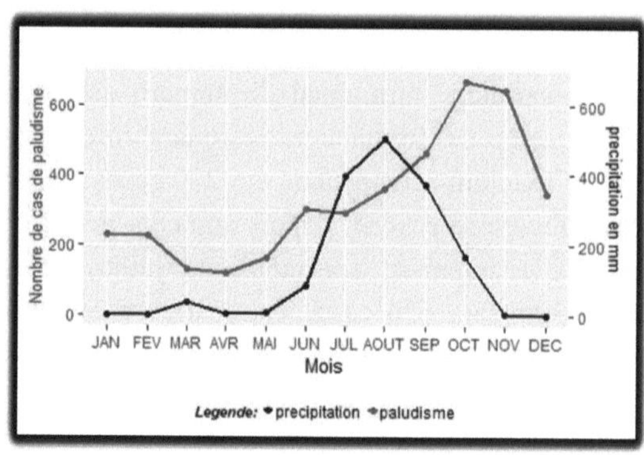

Figura 13: Variação intra-anual em casos de paludismo e precipitação de 2015 a 2022

2.3.4 Relação entre o paludismo e a temperatura máxima (Tx)

A análise da ocorrência de paludismo em relação à temperatura máxima mostra uma tendência invertida (Figura 16). Durante os períodos (janeiro a junho) em que a temperatura máxima é elevada, o número de casos parece ser baixo. Em contraste, o número de casos é elevado durante o período de temperaturas máximas relativamente baixas (<33,3°C) (julho a dezembro).

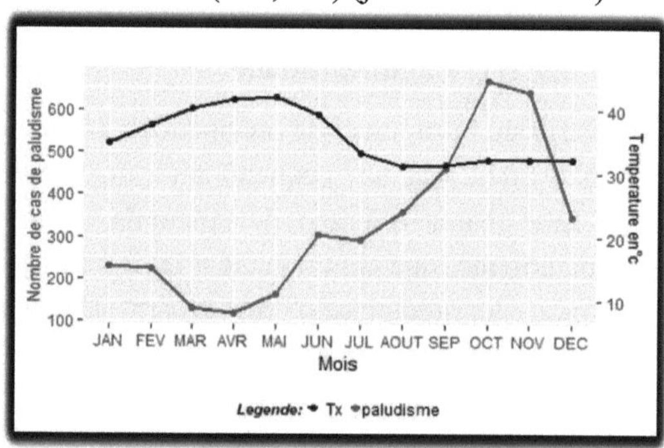

Figura 14: Variação intra-anual dos casos de paludismo e da temperatura máxima de 2015 a 2022

2.3.5 Relação entre o paludismo e a temperatura mínima (Tn)

Temperaturas mínimas elevadas favorecem um aumento do número de casos de paludismo. A análise da ocorrência de paludismo em relação à temperatura mínima mostra uma tendência sincrónica (Figura 17). Entre janeiro e maio, quando a temperatura mínima é baixa, o número de casos parece ser baixo. Em contrapartida, o número de casos é elevado durante o período em que as temperaturas mínimas são altas (>22,5°C) e relativamente constantes (junho a outubro), diminuindo depois a partir de outubro, o que coincide com o pico do número de casos de paludismo, até dezembro com temperaturas de 15°C.

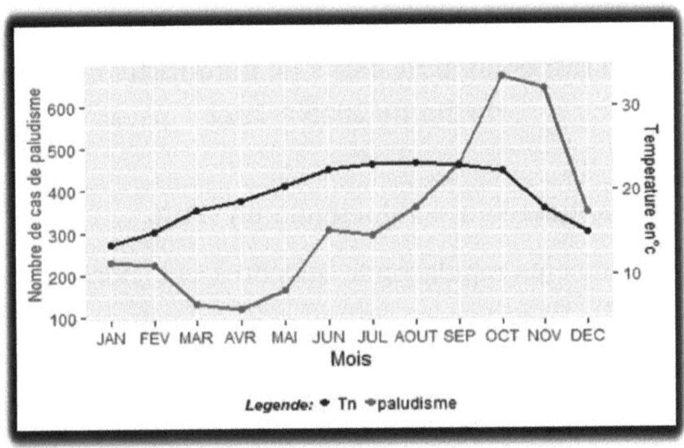

Figura 15: Variação intra-anual dos casos de paludismo e da temperatura mínima de 2015 a 2022

2.3.6 Relação entre o paludismo e a humidade relativa média (Umoy)

A humidade relativa mensal elevada é propícia à ocorrência de paludismo. A análise da ocorrência de paludismo em relação à humidade relativa (Um) revela que o número de casos da doença segue a tendência de (Umoy) ao longo do ano. De facto, o aumento da taxa de (Umoy) é discretamente acompanhado por um aumento do número de casos de paludismo de janeiro a junho. No entanto, a partir de julho, a humidade ultrapassa os 85% e varia pouco, ao mesmo tempo que o número de casos de paludismo aumenta muito rapidamente, atingindo o seu pico em outubro. Há uma coincidência entre a descida da humidade relativa e a do número de casos de paludismo a partir de novembro, quando a humidade relativa desce de 86 para 78,6% (Figura 18).

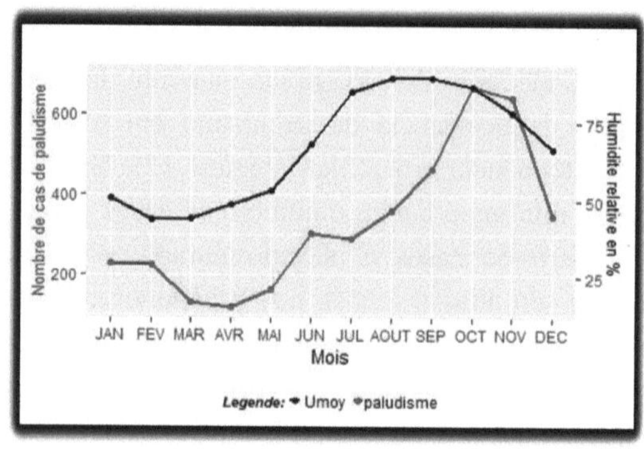

Figura 16: Variação intra-anual de casos de paludismo e humidade relativa média de 2015 a 2022

2.3.7 Relação entre a malária e a velocidade do vento

O número de casos aumenta rapidamente quando a velocidade do vento diminui (<1,3m/s) (Figura 19). Pode ver-se que quando o vento é forte, o número de casos de paludismo é baixo, e o oposto é verdadeiro quando o vento se torna fraco. O pico do número de casos de paludismo coincide com a velocidade do vento mais baixa (0,78 m/s) do ano, em outubro.

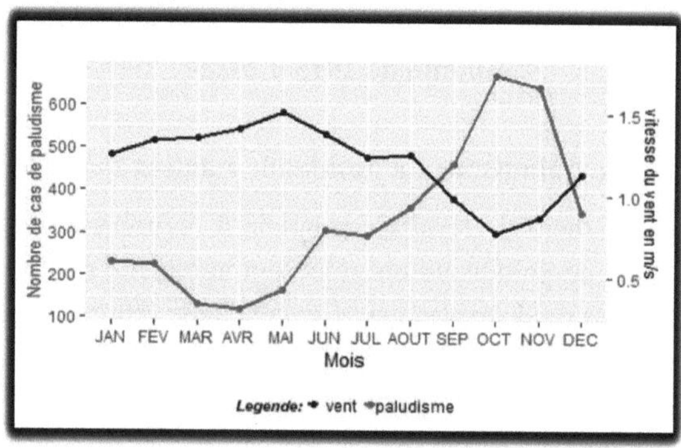

Figura 17: Variação intra-anual dos casos de paludismo e da velocidade do vento de 2015 a 2022

2.3.8 Relação entre a malária e a insolação (INSO)

A duração do dia influencia o número de casos mensais de paludismo. A análise da incidência de paludismo em relação à duração do sol também revela uma tendência contrastante (Figura 20). De facto, o número de casos de paludismo seguiu a tendência oposta à da duração do sol. Durante os períodos (janeiro a maio e dezembro) em que a duração do sol é elevada e varia muito pouco (11,1 e 11,5 horas), o número de casos parece ser baixo.

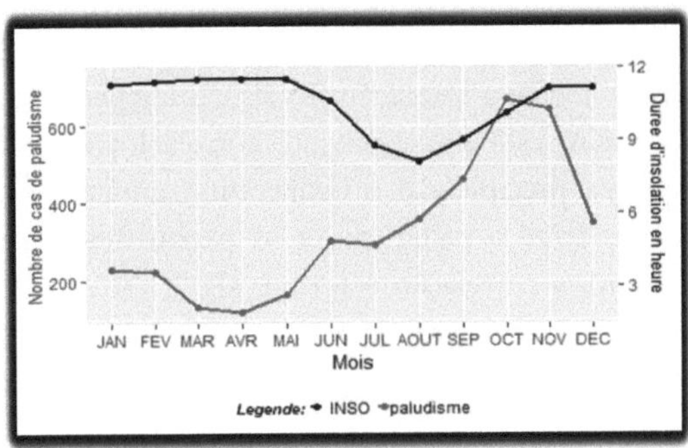

Figura 18: Variação intra-anual em casos de paludismo e insolação de 2015 a 2022

De um modo geral, o aumento rápido do número de casos de paludismo ocorre durante o período do ano em que :
➢ a duração mensal da luz solar é inferior a 11 horas;
➢ a velocidade mensal do vento é inferior a 1,3 m/s ;
➢ a humidade relativa mensal é superior a 80%;
➢ a temperatura mínima mensal é superior a 22,5 °C ;
➢ a temperatura máxima mensal é inferior a 33,3°C ;
➢ a precipitação mensal é superior a 175 mm.

Estas condições climatéricas ocorrem principalmente durante os meses de julho, agosto, setembro e outubro, o que sugere que este é o período mais favorável para a ocorrência de paludismo.

2.3.9 Análise da correlação entre cada parâmetro climatológico e o paludismo.

Todas as variáveis meteorológicas identificadas parecem estar fortemente associadas à ocorrência de paludismo, uma vez que o rápido aumento do número de casos de paludismo coincide com variações simultâneas em todas as variáveis. É difícil distinguir visualmente quais as variáveis que influenciam significativamente a ocorrência da doença. Por isso, aplicámos uma regressão linear simples entre cada variável meteorológica e o número de casos de paludismo, como se pode ver no anexo. Individualmente, o paludismo apresenta uma correlação negativa com a insolação (INSO), a temperatura máxima (Tx) e o vento. Por outro lado, está positivamente correlacionado com a humidade relativa média (Umoy), precipitação e temperatura mínima (Tn). No entanto, nem todas as relações entre o paludismo e os parâmetros meteorológicos são significativas. De facto, a correlação é forte e significativa (no limiar de 5%) entre o paludismo e a temperatura máxima e a humidade relativa média, e altamente significativa para o vento (no limiar de 1%), como mostra a Figura 21.

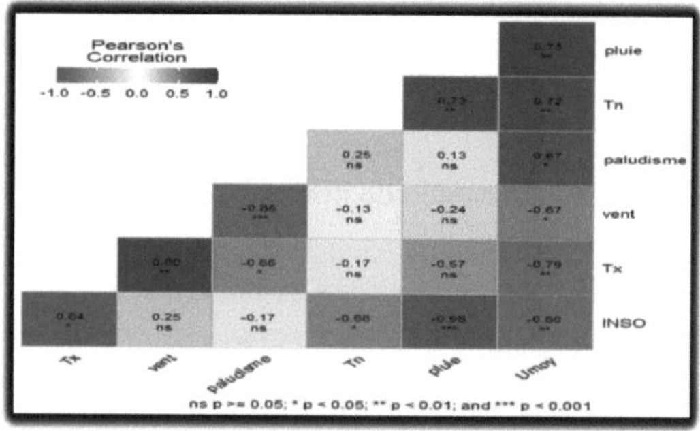

Figura 19: Matriz de correlação entre parâmetros meteorológicos e paludismo

2.4 Resultados da modelação

O resultado da primeira regressão linear múltipla é obtido tendo em conta todas as variáveis meteorológicas disponíveis (quadro 2). As sucessivas variáveis meteorológicas irrelevantes são então eliminadas utilizando o método de eliminação para trás.

Tabela 3: Resultado da primeira regressão linear múltipla

Fonte	Valor	Erro padrão	t	Pr > |t|	Terminal inferior (95%)	Terminal superior (95%)	Códigos de significado valores de p
Constante	4612,069	3625,976	1,272	0,259	-4708,800	13932,937	°
Tx	-72,820	42,097	-1,730	0,144	-181,033	35,393	°
Tn	92,512	50,194	1,843	0,125	-36,514	221,539	°
Chuva	-1,950	1,220	-1,598	0,171	-5,087	1,187	°
Vento	-359,141	352,606	-1,019	0,355	-1265,544	547,262	°
INSO	-168,838	246,475	-0,685	0,524	-802,421	464,745	°
Umoy	-14,927	13,251	-1,126	0,311	-48,991	19,137	°
Códigos de significância: 0 < *** < 0,001 < ** < 0,01 < * < 0,05 < . < 0,1 < ° < 1							

Número de casos de paludismo= 4612,06-72,81*Tx+92,51*Tn-1,94*Chuva-359,14*Vent- 168,83*INSO-14,92*Umoy (Equação II-1:modelo 1)

Parâmetros estatísticos do modelo 1 :

Para gerar o modelo de regressão linear múltipla, utilizámos todas as variáveis meteorológicas mencionadas acima. A interligação das variáveis meteorológicas está fortemente correlacionada com a ocorrência de malária com um valor p altamente significativo.

Coeficiente de determinação (R^2): 0.93 R^2 ajustado = 0,86 Valor P. = 0,008

Os coeficientes de determinação do modelo são, no seu conjunto, superiores a 0,7, com um valor P. inferior ao limiar de 0,05.

2.5 Seleção das variáveis mais relevantes

Procedeu-se a uma seleção rigorosa das variáveis, utilizando o método de eliminação para trás. Esta abordagem resultou na criação de três modelos distintos, conforme ilustrado nas Tabelas 4, 5 e 6.

Quadro 4: Resultados da segunda regressão linear múltipla após eliminação da insolação

Fonte	Valor	Erro padrão	t	Pr > |t|	Terminal inferior (95%)	Terminal superior (95%)	Códigos de significado valores de p
Constante	2287,940	1221,325	1,873	0,110	-700,536	5276,415	°
Tx	-69,596	39,940	-1,743	0,132	-167,325	28,133	°
Tn	75,144	41,358	1,817	0,119	-26,056	176,344	°
Chuva	-1,155	0,363	-3,180	0,019	-2,044	-0,266	*
Vento	-155,388	180,792	-0,859	0,423	-597,771	286,994	°
Umoy	-9,153	9,762	-0,938	0,385	-33,039	14,734	°
Códigos de significância: 0 < *** < 0,001 < ** < 0,01 < * < 0,05 < . < 0,1 < ° < 1							

Número de casos de paludismo = 2287,93-69,59*Tx+75,14*Tn-1,15*Chuva-155,38*Vent- 9,15*Média (Equação II-2: modelo 2)

Parâmetros estatísticos do modelo 2 :

Para o desenvolvimento do modelo 2, foram consideradas todas as variáveis meteorológicas acima referidas, com exceção da insolação. A interligação destas variáveis meteorológicas apresenta uma correlação robusta com a ocorrência de malária, demonstrando um p-value altamente significativo. No entanto, é de salientar que, com exceção da precipitação, nenhuma das variáveis apresentou uma contribuição individual significativa para a ocorrência de malária (ver Tabela 4).

Coeficiente de determinação (R^2): 0,93 R^2 ajustado = 0,87Valor P. = 0,002

Os coeficientes de determinação do modelo são, no seu conjunto, superiores a 0,7, com um valor P. inferior ao limiar de 0,05.

Quadro 5: Resultados da terceira regressão linear múltipla após eliminação do vento

Fonte	Valor	Erro padrão	t	Pr > |t|	Terminal inferior (95%)	Terminal superior (95%)	Códigos de significância dos valores p
Constante	2635,864	1130,579	2,331	0,053	-37,530	5309,258	.
Tx	-87,367	33,527	-2,606	0,035	-166,647	-8,088	*
Tn	88,975	37,381	2,380	0,049	0,582	177,368	*
Chuva	-1,359	0,270	-5,027	0,002	-1,998	-0,720	**
Umoy	-11,317	9,254	-1,223	0,261	-33,199	10,566	°
Códigos de significância: 0 < *** < 0,001 < ** < 0,01 < * < 0,05 < . < 0,1 < ° < 1							

Número de casos de paludismo = 2635,86-87,36*Tx+88,97*Tn-1,35*Chuva-11,31*U médio (Equação II-3: modelo 3)

Parâmetros estatísticos do modelo 3 :

Para criar o modelo 3, utilizámos as variáveis meteorológicas selecionadas para gerar o modelo 2, com exceção do vento. A interligação destas variáveis meteorológicas mostrou uma estreita correlação com a ocorrência de malária, com um p-value altamente significativo. No entanto, é de salientar que apenas a humidade relativa média não teve uma contribuição individual significativa para a ocorrência de malária (ver Tabela 5).

Coeficiente de determinação (R^2): 0,92 R^2 ajustado = 0,87 Valor P. = 0,001

Os coeficientes de determinação do modelo são, no seu conjunto, superiores a 0,7, com um valor P. inferior ao limiar de 0,05.

Tabela 6: Resultados da quarta regressão linear múltipla após eliminação da humidade relativa média

Fonte	Valor	Erro padrão	t	Pr > |t|	Terminal inferior (95%)	Terminal superior (95%)	Códigos de significância dos valores p
Constante	1272,735	194,644	6,539	0,000	823,886	1721,584	***
Tx	-46,914	5,625	-8,340	<0,0001	-59,886	-33,943	***
Tn	44,233	7,897	5,601	0,001	26,022	62,443	***
Chuva	-1,108	0,182	-6,101	0,000	-1,527	-0,689	***
Códigos de significância: 0 < *** < 0,001 < ** < 0,01 < * < 0,05 < . < 0,1 < ° < 1							

Y4=Número de casos de paludismo = 1272,73-46,91*Tx+44,23*Tn-1,108*Chuva (Equação II-4: modelo 4)

Parâmetros estatísticos do modelo 4 :

As variáveis meteorológicas selecionadas foram utilizadas, com exceção da humidade relativa média, para desenvolver o modelo 3. A interligação destas variáveis meteorológicas mostra uma correlação estreita com o número de casos de paludismo, com um p-value altamente significativo. Cada uma das variáveis apresenta uma contribuição individual altamente significativa para a ocorrência de malária (ver Tabela 6).

Coeficiente de determinação (R^2): 0,90 R^2 ajustado = 0,87 Valor P. = 0,000

Os coeficientes de determinação do modelo são, no seu conjunto, superiores a 0,7, com um valor P. inferior ao limiar de 0,01.

Y4 é a equação final do modelo após a eliminação das variáveis menos relevantes.

2.6 Validação do modelo

2.6.1 Resultados dos testes de validação

Os testes de Shapiro-Wilk, Durbin-Watson (DW), Goldfeld-Quandt (GD) e VIF revelaram os seguintes resultados:

• Teste de Shapiro-Wilk para os resíduos

Os resultados do teste de Shapiro-Wilk (Quadro 7) confirmaram que os resíduos do modelo seguem uma distribuição normal. Este teste é essencial em muitos domínios da estatística, uma vez que os vários testes (VIF, DW, GD) pressupõem que os resíduos têm uma distribuição normal para serem válidos.

Quadro 7: Teste da hipótese de normalidade dos resíduos

W	0,958
Valor de p (bilateral)	0,755
Alfa	0,05

Pressupostos do teste :

H0: Os resíduos seguem uma distribuição normal.

Ha: Os resíduos não seguem uma distribuição normal.

Uma vez que o valor de P é superior ao limiar de 0,05, a hipótese H0 não pode ser rejeitada, pelo que os resíduos seguem a distribuição normal.

• VIF (Fator de inflação da variância)

Os resultados do teste VIF verificaram a multicolinearidade das variáveis dependentes do modelo. A presença de multicolinearidade pode alterar os resultados de previsão do modelo.

Quadro 8: Estatísticas de multicolinearidade para as variáveis

	Chuva	Tx	Tn
Tolerância	0,261	0,542	0,377
VIF	3,825	1,846	2,651

Pressupostos do teste :

-Se VIF<5: não há colinearidade ;

-Se VIF >5, existe colinearidade

Todas as variáveis relevantes têm FIVs inferiores a 5. De acordo com o quadro 8, não existe multicolinearidade entre as variáveis explicativas do modelo.

• Goldfeld-Quandt :

O teste Goldfeld-Quandt é utilizado para identificar a constância da variância do erro.

Quadro 9: Caraterísticas estatísticas do teste Goldfeld-Quandt

GQ	1,19
valor de p	0,45
Alfa	0,05

Pressupostos do teste :
Se o valor de p >α: Homocedasticidade dos resíduos =H0; Se p-valor < α: Heteroscedasticidade dos resíduos =H1.

Dado que o valor de P é superior ao limiar de 0,05, a hipótese H0 não pode ser rejeitada (Quadro 9). Os resultados mostram que a variância dos erros é constante, o que se designa por homocedasticidade.

• Durbin-Watson :

O teste de Durbin-Watson é utilizado para detetar a autocorrelação de primeira ordem dos erros numa regressão. Avalia se os resíduos de um modelo de regressão linear estão correlacionados entre si, o que pode comprometer a validade dos resultados.

Quadro 10: Caraterísticas estatísticas do teste de Durbin-Watson

DW	2,16
valor de p	0,49
Alfa	0,05

Pressupostos do teste :
Se o valor de p >α: não há autocorrelação dos resíduos =H0; Se o valor de p < α: autocorrelação dos resíduos =H1.

Dado que o valor de P é superior ao limiar de 0,05, a hipótese H0 não pode ser rejeitada (quadro 10). Os resultados da avaliação da correlação entre os resíduos mostram que não existe autocorrelação entre eles. A estatística Durbin-Watson (DW) foi considerada satisfatória, com um valor (DW = 2,166) entre 1,5 e 2,5.

2.7 Robustez do modelo

A robustez de um modelo refere-se à sua capacidade de ter um bom desempenho quando confrontado com situações diferentes ou novos dados. Isto implica muitas vezes testes rigorosos em vários conjuntos de dados para avaliar a sua estabilidade. Os testes são os indicadores utilizados para avaliar a pertinência das previsões do número de casos de paludismo. Os indicadores calculados a partir do conjunto de dados de validação e das previsões do modelo são apresentados na Tabela 10.

Quadro 11: Resultados dos testes de robustez do modelo Y4

R^2	0,86
Preconceito	-60
MAE	129
RMSE	174

A análise do diagrama de Taylor (Figura 22) revela que o modelo tem uma fraca capacidade de previsão. Caracteriza-se estatisticamente por um coeficiente de correlação (r) relativamente elevado de cerca de 91%, um RMSE de 174 casos de paludismo/mês e um desvio padrão (σ) de 139, que está muito longe do observado.

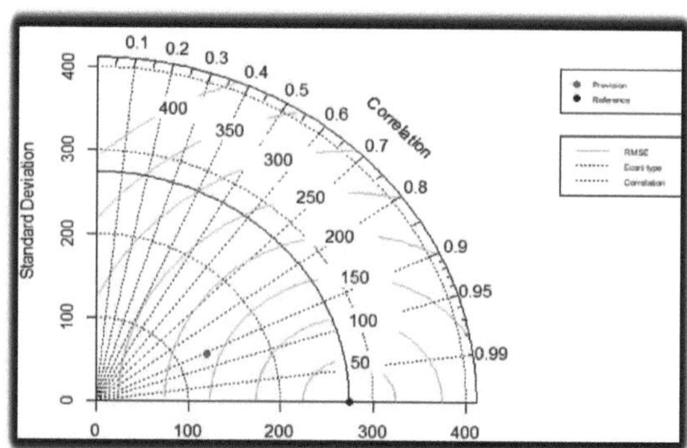

Figura 20: Diagrama de Taylor mostrando comparações estatísticas entre valores previstos e observados

O modelo é capaz de reproduzir a tendência mensal e a sazonalidade do paludismo. No entanto, sobrestima (+5%) o número de casos durante a estação seca e subestima (-44%) o número de casos durante a estação das chuvas (Figura 23). Em média, o modelo subestima (-18%) o número de casos anuais de paludismo.

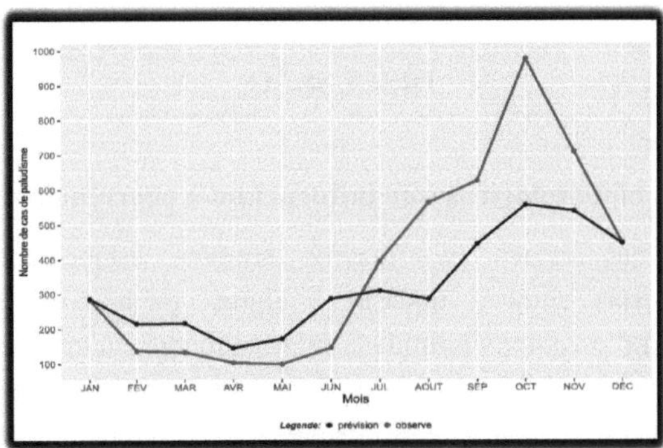

Figura 21: Representação sazonal observada e simulada da ocorrência de paludismo

Tendo em conta os resultados dos vários testes estatísticos, podemos concluir que o modelo da equação Y4 é válido mas não é robusto.

CAPÍTULO III
DISCUSSÃO

3.1 Parâmetros climatológicos que influenciam a ocorrência de paludismo

Os resultados das regressões lineares simples estabelecem claramente correlações robustas entre a malária e alguns parâmetros meteorológicos identificados, como o vento, a humidade relativa média e a temperatura máxima. Estes resultados reforçam as conclusões d e autores anteriores, incluindo (Xiao et al., 2020), que argumentam que os estudos epidemiológicos há muito sugerem que os factores meteorológicos, em particular a temperatura, a humidade e o vento, podem influenciar a incidência de doenças infecciosas. A análise dos vários gráficos revela a presença de limiares críticos para a humidade relativa (85%), a temperatura máxima (inferior a 33,3°C) e a temperatura mínima (superior a 22°C). °C). Assim que estes limiares são atingidos simultaneamente, verifica-se um aumento exponencial do número de casos de paludismo. Isto sugere que estes níveis específicos de humidade e temperatura são óptimos para a proliferação do mosquito, especialmente porque as baixas temperaturas induzem alterações fisiológicas que levam à inatividade do mosquito, enquanto as temperaturas amenas reactivam a sua atividade (Noubissi, 2021). Além disso, temperaturas superiores a 40°C são frequentemente letais para os mosquitos (Kirby et al., 2009, citado por Konté, 2021). julho, agosto, setembro e outubro parecem oferecer condições ideais para a sobrevivência dos mosquitos, com uma combinação óptima de humidade e temperaturas mínimas e máximas. Durante este período, que se caracteriza por uma elevada pluviosidade, humidade abundante, curtos períodos de sol e baixa velocidade do vento, a região de Ziguinchor regista um pico de casos de paludismo. Este aumento da proliferação de mosquitos pode ser explicado pela baixa taxa de mortalidade dos mosquitos quando a temperatura nocturna e a humidade relativa são elevadas (Noubissi, 2021). A duração da fase aquática varia, de 10 dias a uma temperatura de 30°C (Youmsi et al., 2018) a 15 dias a uma temperatura de 20°C (Coetzee e Fontenille, 2004). Este período torna-se mais longo à medida que a temperatura diminui e mais curto à medida que aumenta (Robert, 2001). Assim, durante o período de invernada, quando as temperaturas mínimas atingem o seu máximo, as gerações de mosquitos sucedem-se em intervalos cada vez mais curtos. Isto explica o aumento da proliferação de mosquitos durante a estação das chuvas e, potencialmente, o aumento acentuado de casos de paludismo. Embora haja uma fraca correlação entre paludismo e luz solar, há também um aumento rápido do número de casos de paludismo à medida que a duração da luz solar diminui. Esta tendência pode ser explicada pelo facto de as fêmeas de Anopheles, responsáveis pela transmissão do paludismo, preferirem picar principalmente à noite (do anoitecer ao amanhecer) (Zongo, 2009). O período de forte aumento do número de casos de paludismo corresponde também a um período de baixa velocidade do vento, como ilustrado na figura 19. Esta coincidência pode ser explicada pelo facto de a taxa de evaporação (mm/dia) depender da temperatura do ar, da insolação, da velocidade do vento e da turbulência (Bouzianeb et al., 2015). Durante este período, as poças registaram uma evaporação reduzida devido à temperatura moderada do ar, à insolação mínima e à baixa velocidade do vento. A persistência das poças favorece a multiplicação dos mosquitos e, consequentemente, a transmissão do paludismo. A malária também persiste durante a estação seca, de dezembro a maio, embora a sua incidência seja muito menor do que na estação húmida. Esta redução pode ser explicada pelo facto de, apesar de já não existirem condições climatéricas ideais, estas ainda se tornam tolerantes à sobrevivência dos mosquitos. As temperaturas máximas excedem os 40°C, as temperaturas mínimas descem abaixo dos 20°C e a humidade relativa média raramente atinge os 53%. Nestas condições, os mosquitos têm dificuldade em desenvolver-se, o que resulta numa elevada mortalidade dos mosquitos. No entanto, são capazes de se reproduzir graças à presença de água de irrigação utilizada para culturas secas fora de época, como a horticultura comercial e a cultura do arroz, bem como ao microclima criado por esta prática. Isto explica a correlação fraca e não significativa entre a pluviosidade e o paludismo, como mostra a Figura 21. No departamento de Ziguinchor, as zonas de horticultura são caracterizadas por habitações não contíguas, com grandes espaços abertos nos bairros periféricos, favorecendo a agricultura intersticial em torno das concessões e nos espaços vazios à espera de construção (S. O. Diedhiou, 2018). A agricultura de regadio pode prolongar a época de reprodução, aumentando assim o período anual de transmissão da doença. A irrigação pode também aumentar a humidade relativa nas regiões secas, favorecendo assim a sobrevivência dos vectores (Lindsay et al., 2001).

Durante a estação seca, os ovos dos mosquitos ficam dormentes no solo húmido para resistir à seca e eclodem pouco depois de ficarem suficientemente húmidos. Isto explica porque é que os mosquitos Anopheles não sofrem necessariamente um estrangulamento populacional grave durante a estação seca, mantendo uma grande população efectiva (Minakawa et al., 2005). Além disso, um sistema de esgotos defeituoso e/ou o despejo descontrolado de águas residuais domésticas pela população local contribuem para o problema. As águas residuais e as sarjetas abertas tornam-se locais de reprodução (criadouros) para os mosquitos. As águas residuais esvaziadas são frequentemente despejadas nas aldeias vizinhas (B. Sané, 2017). Os inquéritos realizados por (B. Sané, 2017) revelam que 7,3% dos agregados familiares despejam as suas águas residuais na rua, 13,0% nos pátios das casas, 32,7% em terrenos baldios ou espaços não utilizados e 4,7% em canais de drenagem de águas pluviais próximos. Os locais de reprodução permanentes, como os rios, que contêm água durante todo o ano, tendem a favorecer a transmissão do paludismo ao longo de todo o ano (Gianotti et al., 2009). Durante a estação seca, a velocidade do vento é elevada, perturbando a estabilidade dos mosquitos em voo e tendo assim uma influência negativa no número de picadas e na transmissão do paludismo. Este facto explica a correlação negativa altamente significativa entre o vento e a malária, conforme ilustrado na Figura 20. Investigações anteriores sugerem que o vento pode afetar o movimento dos mosquitos, perturbando os locais de reprodução ao secar os habitats aquáticos necessários para o seu ciclo de vida. Esta perturbação ajuda a reduzir a população de mosquitos, reduzindo assim o risco de transmissão do paludismo.

3.2 Modelo

As caraterísticas estatísticas da regressão múltipla do modelo 1 indicaram uma forte ligação entre o paludismo e a interconexão dos parâmetros meteorológicos estudados. A ação combinada dos diferentes parâmetros meteorológicos tem uma forte influência na variação do número de casos de paludismo na região de Ziguinchor. No entanto, a procura dos parâmetros mais relevantes através do método de eliminação top-down levou à seleção da precipitação, da temperatura máxima (Tx) e da temperatura mínima (Tn) para gerar o modelo de previsão do número de casos de paludismo (modelo 4). Ao limiar de 5%, as contribuições do vento, da humidade relativa média e da insolação não foram significativas para a variação do número de casos de paludismo. De acordo com a regressão linear múltipla, o número estimado de casos de paludismo segue a equação Y4= **1272.73-46.91*Tx+44.23*Tn-1.108*Rain** (Equação III-1: modelo 4). O modelo explica uma proporção estatisticamente significativa e substancial da variância (R^2= 0.90, $p < 0.001$, adj. R^2 = 0.87). A interceção do modelo, correspondente a Tx = 0, Tn = 0 e chuva = 0, é de 1.272,74. Neste modelo :

• As variáveis independentes selecionadas (chuva, Tx e Tn) ajudam a explicar até 90% da variação do número de casos de paludismo na região de Ziguinchor.

• o efeito do Tx é estatisticamente significativo e negativo; quando o Tx aumenta em média 1 grau, o número de casos de paludismo diminui em média 47 unidades.

• o efeito da Tn é estatisticamente significativo e positivo; quando a Tn aumenta em média 1°C, o número de casos de paludismo aumenta em média 44.

• o efeito da pluviosidade é estatisticamente significativo e negativo; quando a pluviosidade aumenta numa média de 1 mm, o número de casos de paludismo diminui numa média de 1 unidade.

A partir do relatório detalhado do Modelo 4, é evidente que durante o período de novembro, dezembro, janeiro e fevereiro, quando os ventos harmattan são fortes (frescos e secos), a temperatura mínima (ver Figura 24) é o principal fator limitante para o desenvolvimento do mosquito. Observou-se que, em 5 dos 8 anos, o pico do número de casos de paludismo ocorre quando a temperatura mínima desce de valores óptimos para valores desfavoráveis no final da estação (Anexo 4). De facto, a mortalidade dos mosquitos aumenta quando a temperatura nocturna e a humidade relativa são simultaneamente baixas, como indicado por Noubissi (2021). Posteriormente, durante o período de março, abril e maio, caracterizado por fortes ventos harmattan (quentes e muito secos), é a temperatura máxima que se torna o fator limitante para a sobrevivência dos mosquitos (ver Figura 24). Um aumento da temperatura acima de 34°C tem geralmente um impacto negativo na sobrevivência de vectores e parasitas, como se pode ver pela diminuição dos casos de malária durante a estação seca, apesar da presença de água de irrigação (Rueda, 1990).

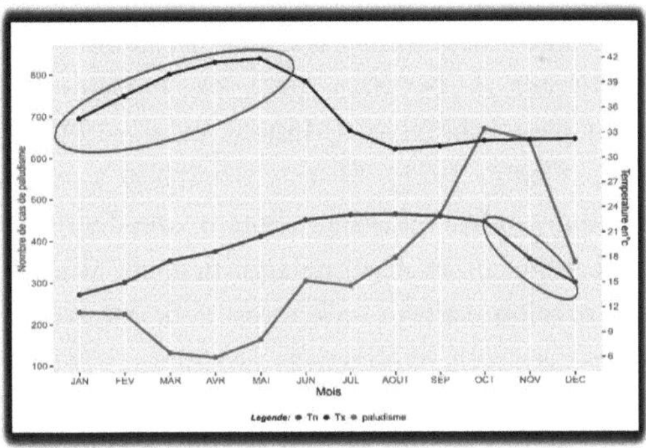

Figura 22: Ilustração gráfica das temperaturas letais para a sobrevivência dos mosquitos

O pico de precipitação ocorre em agosto, seguido dois meses depois pelo pico de paludismo em outubro. Isto indica que o número de casos de paludismo aumenta durante o período de agosto, setembro e outubro, correspondendo a uma diminuição da precipitação. De facto, as temperaturas máximas baixas combinadas com temperaturas mínimas altas são responsáveis pelo aumento do número de casos de paludismo (+44 casos de paludismo/1°C de queda em Tx e +47 casos de paludismo/1°C de aumento em Tn). A contribuição da temperatura predomina sobre a da precipitação devido aos seus coeficientes elevados. Isto poderia explicar o desfasamento temporal entre o pico do paludismo e o pico da precipitação na região de Ziguinchor. É de notar que, durante o período de junho a agosto, a chuva tem uma influência redutora no número de casos de paludismo (-1 caso / aumento de 1mm). É provável que as chuvas fortes em julho e agosto causem perturbações nos locais de reprodução das larvas através do escoamento. A precipitação excessiva pode levar a níveis de água elevados, velocidades de fluxo rápidas e inundações de reservatórios de água, o que é prejudicial para a sobrevivência dos mosquitos (Martens et al., 1995; Paaijmans et al., 2007), citado por (L. Conté, 2021). Rempel (1953) acrescenta que a precipitação excessiva pode, pelo contrário, perturbar os pequenos criadouros, destruindo os ovos ou as larvas, uma vez que estes locais devem permanecer estáveis desde a deposição dos ovos até à emergência do adulto. Por outro lado, durante os meses de setembro e outubro, a chuva contribui positivamente para o número de casos de paludismo (+1 caso/1mm de queda). Os locais de reprodução são menos perturbados à medida que a intensidade das chuvas diminui no final da estação. A precipitação moderada é benéfica para os mosquitos imaturos (fases aquáticas) que lutam para sobreviver (Martens et al., 1995; Paaijmans et al., 2007), citado por (L. Conté, 2021). O teste destinado a avaliar a hipótese de normalidade dos resíduos indica que estes seguem uma distribuição normal, com um valor p calculado superior ao nível de significância alfa de 0,05. Para além disso, o teste VIF revelou valores inferiores a 5, sugerindo a ausência de colinearidade entre as variáveis explicativas (Akaike, 1974). Do mesmo modo, os resultados do teste de homocedasticidade foram satisfatórios, com um valor p de 0,13 que excede o limiar α de 5%. De acordo com Goldef-Quandt (1965), isto indica homogeneidade na variância dos resíduos. O teste de Durbin-Watson também revelou a ausência de autocorrelação dos erros residuais, uma vez que um resultado entre 1,5 e 2,5 (Durbin e Watson, 1971) sugere a ausência de correlação entre os resíduos. Tendo em conta estes resultados do teste, o modelo gerado é considerado válido, de acordo com Tomassone et al (1983). Dada a grande diferença entre os desvios-padrão das previsões e os valores observados, o modelo é válido mas não robusto, apesar de ter um coeficiente de correlação superior a 0,70 (Figura 22). O modelo da dinâmica do número de casos de paludismo simula corretamente a tendência e a sazonalidade do número de casos de paludismo ao longo do ano (Figura 22). Em média, o desvio é negativo (-18%), indicando uma tendência para subestimar o número de casos anuais de paludismo. Contudo, é importante notar que os casos previstos são sobrestimados na estação seca e subestimados na estação das chuvas. Na estação seca, o desvio é de +5%, enquanto na estação das chuvas atinge -44%.

3.3 Tendências futuras da malária em Ziguinchor

Dada a observação de uma tendência de aumento da temperatura mínima (Anexo 2) e de uma tendência relativamente estável da temperatura máxima (Anexo 1), é razoável esperar um aumento significativo do número de casos anuais de paludismo no futuro. Isto poderá acontecer se não forem tomadas medidas para resolver os problemas de saneamento e de proximidade das habitações às hortas e às plantações de arroz. Em particular, um aumento mensal da temperatura mínima para 22°C no final da estação das chuvas, entre novembro e dezembro, resultaria em condições térmicas favoráveis à sobrevivência dos mosquitos de julho a dezembro, prolongando assim o período favorável inicial por dois meses. Um aumento das temperaturas mínimas teria um impacto não linear significativo no período de incubação extrínseco (Watts, 1987) e, por conseguinte, na transmissão da doença.

3.4 Limites do estudo

Tal como a maioria dos estudos sobre o impacto da variabilidade climática na saúde, este estudo foi limitado pela disponibilidade e qualidade dos dados epidemiológicos. Isto significou que tivemos de realizar o estudo durante um curto período de oito anos. (08) anos, ou seja, de 2015 a 2022.

Além disso, dado que, para além dos factores climáticos, os factores ambientais (meio físico, solo, vegetação, etc.), sociais, demográficos e políticos desempenham frequentemente um papel no desenvolvimento das doenças, o nosso estudo infelizmente não teve em conta estes aspectos. Além disso, apesar do facto de o modelo reproduzir bastante bem a evolução sazonal do paludismo na região de Ziguinchor, é preciso ter em conta que os resultados das previsões comportariam desvios muito significativos.

CONCLUSÃO E RECOMENDAÇÕES

A malária, transmitida pela fêmea do mosquito Anopheles, tem um impacto significativo na saúde da população, com repercussões negativas na economia do país devido à redução da produtividade de uma população afetada pela doença. O objetivo deste estudo é compreender melhor a relação entre o clima e a malária, a fim de melhorar a vigilância e a gestão da doença. Procura identificar as caraterísticas meteorológicas que favorecem o paludismo, avaliar as relações estatísticas entre estes parâmetros e a doença e desenvolver um modelo de previsão baseado nestes dados meteorológicos relevantes. O período em que a malária é mais prevalente é durante a estação húmida, principalmente entre julho e outubro, quando se verifica um aumento exponencial do número de casos. Este período caracteriza-se pelo início da estação das chuvas, uma humidade relativa média entre 67% e 90%, uma temperatura mínima superior a 22,4°C, uma temperatura máxima inferior a 33,3°C, uma velocidade do vento entre 0,78 e 1,5 m/s e uma duração do sol entre 9,1 e 10,8 horas. O vento e o sol influenciam o número de picadas de mosquito, enquanto a temperatura, a precipitação e a humidade relativa influenciam a sobrevivência e a reprodução do mosquito. As análises de regressão revelaram uma correlação significativa entre a malária e a temperatura máxima, a humidade relativa média e a velocidade do vento em Ziguinchor. Um modelo de previsão baseado nestas variáveis explica 90% da variação do número de casos de paludismo, com um elevado grau de significância para cada variável selecionada. Este modelo é considerado válido mas não robusto, oferecendo previsões de baixa precisão com um grande erro. Este estudo enriqueceu a nossa compreensão da relação entre a malária e o clima. Embora o vento e a humidade relativa estejam fortemente correlacionados com a malária, não são suficientes para explicar a variação do número de casos na presença de outras variáveis. O período de julho a outubro continua propício ao paludismo devido às condições favoráveis à sobrevivência dos mosquitos, enquanto a estação seca conduz a uma diminuição do número de casos. As temperaturas mínimas e máximas limitam a sobrevivência dos mosquitos durante este período. O modelo desenvolvido neste estudo poderia ser adaptado a outras doenças transmitidas por mosquitos. No entanto, não tem em conta certos factores importantes, como a irrigação e a promiscuidade dos bairros, e subestima os casos durante a estação das chuvas e sobrestima-os durante a estação seca. Para reforçar a luta contra o paludismo na região de Ziguinchor, recomendamos a adoção de uma abordagem combinada, incluindo :

> a utilização preventiva de medicamentos antimaláricos e medidas de proteção pessoal;

> a introdução de redes mosquiteiras tratadas com inseticida e a aplicação de estratégias de controlo dos vectores;

> promover a drenagem de pântanos ou a sua transformação em águas correntes, bem como a eliminação de pontos de água estagnada, nomeadamente na proximidade de habitações;

> evitar a exposição em zonas escuras e húmidas durante o dia na estação das chuvas;

> evitar a construção de habitações em zonas propensas a inundações ou hidro-agrícolas;

> impedir o despejo descontrolado de águas domésticas (detergente em pó, loiça) nas ruas;

> aumentar a iluminação das habitações e das cidades ;

> projetar as casas de modo a permitir que os raios solares cheguem às divisões ;

> promover a circulação do ar para aumentar a velocidade do vento no interior das habitações.

PERSPECTIVAS

Estamos bem cientes de que os parâmetros climáticos não são os únicos a influenciar a ocorrência da malária e seria sensato, no futuro, integrar aspectos sociais, económicos e demográficos. Uma tal abordagem seria mais próxima da realidade, aumentando assim a fiabilidade das previsões do modelo. Por enquanto, estes factores são deliberadamente deixados em suspenso, enquanto se aguarda uma análise mais aprofundada.

REFERÊNCIAS BIBLIOGRÁFICAS

Akaïke H., 1974. Um novo olhar sobre a identificação de modelos estatísticos. IEEE Transactions on Automatic Control, 19 p.

A. Kleppe, 2008. Engenharia de linguagem de software: criando linguagens específicas de domínio usando metamodelos. Pearson Education.

A. Pavé, 2012. Modelação de sistemas vivos Da célula ao ecossistema. Eco-Energias e Ambiente.

ANSD, 2019. Situação económica e social da região de Ziguinchor de 2019, P133. **BOUZIANE Brahim, ABID Farid e SAGGAI Sofiane, 2015.** Impactos da qualidade da água na evaporação num ambiente árido. P1.

Bouly Sané, 2017. Gestion des eaux usées domestiques et pluviales dans le quartier de Santhiaba-Ouest (commune de Ziguinchor) : Incidences sanitaires et Environnementales, 130P. **Cohen J. e Cohen P., 1983**. Applied Multiple Regression/Correlation Analysis for the Behavioral Sciences. 2a ed. Lawrence Erlbaum Associates, Inc, Nova Jersey, 545 p.

D. M. Watts, 1987. Effect of temperature on the vetor efficiency of Aedes aegypti for dengue 2 virus. American Journal of Tropical Medicine and Hygiene, 36: p. 143-152.

Durbin J. e Watson G.S., 1971. Testing for serial correlation in least-squares regression, III, Biometrika 58, 1-19.

E. M. Gray e T. J. Bradley, 2005. Physiology of desiccation resistance in anopheles gambiae and anopheles arabiensis (Fisiologia da resistência à dessecação em anopheles gambiae e anopheles arabiensis). The American journal of tropical medicine and hygiene, vol. 73, no. 3, pp. 553-559.

E. M. Gray, K. A. Rocca, C. Costantini, e N. J. Besansky, 2009. Inversion 2la is associated with enhanced desiccation resistance in anopheles gambiae," Malaria journal, vol. 8, no. 1, pp. 1-12.

E. PASSIKE POKONA1, P. YAKA2, J. A. NDIONE3, 2021. Modelação epidemiológica de doenças dependentes do clima no norte do Togo: o caso da febre aftosa na região de Savanes Rev. Mar. Sci. Agron. Vét. 9(4) (dezembro de 2021) 675-682.

F. Bruneel, 2012. Tratamento da malária grave com artesunato intravenoso artesunato intravenoso para o tratamento da malária grave, Ressuscitação volume 21, páginas399-405. **Gbenga J., Abiodun 1 Maharaj R., Witbooi P, Okosun, 2016.** Modelação da temperatura e da precipitação na população de Anopheles arabiensis, doi 10.1186/s12936- 0161411-6.

Goldfeld, S.M. e Quandt R.E., 1965. Some tests for homoskedasticity. J. Am. Stat.Assoc. 60: 539-547.

I. Gaaboub, S. El-Sawaf, e M. El-Latif, 1971. Effect of different relative humidities and temperatures on egg-production and longevity of adults of anopheles (myzomyia) pharoensis theob. Zeitschrift Für Angewandte Entomologie, vol. 67, no. 1-4, pp. 88-94.

Jacques Jouanna, 2020. Clima, ambiente e saúde na aurora da medicina ocidental: Hipócrates [artigo],sem-link Bulletin de l'Association Guillaume Budé,pp. 28-43.

J. B. Cromwell, W. C. Labys e M. Terraza (1994). Univariate Tests for Time Series Models, Sage, Thousand Oaks, CA, páginas 20-22.

Justin-Hervé Noubissi, 2019. Modelação e simulação espácio-temporal de sistemas dinâmicos complexos com aplicação em epidemiologia: o caso da malária. Modelação e simulação. Universidade de Sorbonne; Universidade de Santa Mónica (Buéa, Camarões), 2019.

Jolion J. M., 2003. Probabilidade e Estatística. Cours de l'INSA. http://rfv.insa-lyon.fr/jolion. Acedido em 23 de setembro de 2023.

J. Lourenço e M. Recker, "Natural, persistent oscillations in a spatial multi-strain disease system with application to dengue," PLoS Comput Biol, vol. 9, no. 10, p. e1003308.

J. G. Rempel, 1953. Eclosão em substratos húmidos do mosquito da cidade (Culicidae). Os mosquitos de Saskatchewan. 44p. 433-509.

J. B. Cromwell, W. C. Labys e M. Terraza (1994). Univariate Tests for Time Series Models, Sage, Thousand Oaks, CA, páginas 20-22.

K. Liu, H. Tsujimoto, S.-J. Cha, P. Agre e J. L. Rasgon, 2011. O canal de água aquaporina agaqp1 no mosquito vetor da malária anopheles gambiae durante a alimentação sanguínea e a adaptação à humidade. Actas da Academia Nacional das Ciências, vol. 108, n.º 15, pp. 6062-6066. **Lamine Konté, 2021**. Observação e modelação da ocorrência de paludismo na região de Ziguinchor (Casamança Baixa) com o modelo VECTRI, 54P.

L.M. Rueda, 1990. Desenvolvimento dependente da temperatura e taxas de sobrevivência de Culex quinquefasciatus e Aedes aegypti (Diptera: Culicidae). Journal of Medical Entomology,. 27:
p. 892-898.

L.M.Rueda, 1990. Desenvolvimento dependente da temperatura e taxas de sobrevivência de Culex quinquefasciatus e Aedes aegypti (Diptera: Culicidae). Journal of Medical Entomology,. 27:
p. 892-898.

L. Martin, 2020. A malária na zona de Niakhar no Senegal: mortalidade e factores de risco. Estudo da mortalidade por paludismo em menores de 15 anos e dos seus factores determinantes nas zonas rurais.

Lindsay S.W., Birley, 1996. Alterações climáticas e transmissão da malária. Ann. Trop. Med. Parasitol, 6,573-588.

M. N. Bayoh, 2001. Estudos sobre o desenvolvimento e a sobrevivência de Anopheles gambiae sensu stricto a várias temperaturas e humidades relativas. Tese de doutoramento, Universidade de Durham.

M.-H. Wang, O. Marinotti, A. Vardo-Zalik, R. Boparai e G. Yan, 2011. Análise transcricional de todo o genoma de genes associados ao stress agudo de dessecação em anopheles gambiae. PloS one, vol. 6, no. 10, p. e26011.

M. Gillies, 1953. A duração do ciclo gonotrófico em Anopheles gambiae e An. funestus com uma nota sobre a eficiência da captura manual. Jornal Médico da África Oriental,. 30: p. 129-135. **Minakawa N, Munga S, Atieli F, Mushinzimana E, Zhou GF, Githeko AK, 2005.** Spatial distribution of anopheline larval habitats in Western Kenyan highlands: Effects of land cover types and topography. Am J Trop Med Hyg. 2005;73:157-65.

O. Faye', D. Fontenille2, J.P. herve3, P.A. Diack4, S. Diall05 & J. Mouchet, 1933. le paludisme en zone sahelienne du senegal. Ann. Soc..be/ge Méd. tro ', 73, 21-30.

OMS, 2019. "Relatório Mundial sobre a Malária 2019", OMS.

Oscar Assoumou Menye, Fabrice Arnaud Guetsop Sateu, 2017. L'entrepreneuriat féminin au Cameroun : enjeux et perspectives Revue Congolaise de Gestion, vol.2, pp 11 à 42.

P. Bourée, 2006. Revue Francophone des Laboratoires Volume 2006, Número 385, Páginas 25-38.

PNLP, 2019. Estatísticas da malária_ Programa Nacional de Controlo da Malária.

P. Cailly, 2011. Modelação da dinâmica espácio-temporal de uma população d e mosquitos, fontes de incómodo e vectores de agentes patogénicos.

Pascal Zongo, 2009. Modélisation mathématique de la dynamique de transmission du paludisme, tese de doutoramento, Universidade de Ouagadougou,144P.

Lindsay, S.W. e M.H. Birley, 1996. Alterações climáticas e transmissão da malária. Annals of Tropical Medicine and Parasitology, 1996. 90: p. 573-588.

Patrick Royston, 1995. Observação AS R94: Uma observação sobre o Algoritmo AS 181: O teste W para normalidade. Applied Statistics, 44, 547-551. doi:10.2307/2986146.

R. Kühne, 1975. Fixpunkte positiver operatoren in kb-räumen. Mathematische Nachrichten, vol. 65, no. 1, pp. 259-280.

René Joly Assako Assako, Daniel Bley, Frédéric Simard, 2005. Apports des sciences sociales et de l'entomologie dans l'analyse de l'endémicité du paludisme à HEVECAM, une agro-industrie du Sud-Cameroun Geo-Eco-Trop, 101-114.

S. DOUMBIA, 2010. Impacto das alterações climáticas na incidência da malária no Mali. Tese da Faculdade de Medicina, Farmácia e Odonto-estomatologia.

S.-L. Claudine e P. Alain, 2002. Environnement : modélisation et modèles pour comprendre, agir ou décider dans un contexte interdisciplinaire. Natures Sciences Sociétés, vol. 10, pp. 525.

S. Diop a, M. Ndiaye a, M. Seck a, B. Chevalier b, R. Jambou c, A. Sarr d, T.N. Dièye a,

A.O. Touré a, D. Thiam a, L. Diakhaté, 2009. Prevenção da malária pós-transfusional em zonas endémicas. Prevenção da malária transmitida por transfusão em zonas endémicas Ligações do autor abrir painel de sobreposição a Transfusion Clinique et Biologique Volume 16, Números 5-6, Páginas 454- 459.

SC. F. Darriet, R. N'guessan, A. A. Koffi, L. Konan, J.M.C. Doannio, F. Chandre & P. Carnevale, 1999. Impact de la résistance aux pyréthrinoïdes sur l'efficacité des moustiquaires imprégnées dans la prévention du paludisme : résultats des essais en cases expérimentales avec la deltaméthrine Institut Pierre Richet, OCCGE, Manuscrit n°2133.

Sécou Omar Diedhiou, Oumar Sy e Christine Margetic, 2018. Agriculture urbaine à Ziguinchor (Sénégal) : des pratiques d'autoconsommation favorables à l'essor de filières d'approvisionnement urbaines durables, 40. https://doi.org/10.4000/eps.8250.

T. K. Yamana e E. A. Eltahir, 2013. Incorporação dos efeitos da humidade num modelo mecanicista da dinâmica populacional do mosquito Anopheles gambiae na região do Sahel em África. Parasit Vectors, vol. 6, p. 235, 2013.

V. Robert, H. Dieng, L. Lochouarn, S. F. Traoré, J.-F. Trape, F. Simondon, D. Fontenille, 1998. La transmission du paludisme dans la zone de Niakhar, Sénégal Volume3, Issue8, Pages 667-677.

Xiao Y. et al., 2018. A influência dos factores meteorológicos na incidência da tuberculose no sudoeste da China de 2006 a 2015. P28.

WEBOGRAFIA

https://www.aspexit.com/comment-valider-un-modele-de- prediction/#Cross-validation_proceduresRetrieved from the 23 September 2023

https://www.who.int/fr/news-room/fact-sheets/detail/malaria Acedido em 23 de setembro de 2023

yes
I want morebooks!

Buy your books fast and straightforward online - at one of world's fastest growing online book stores! Environmentally sound due to Print-on-Demand technologies.

Buy your books online at
www.morebooks.shop

Compre os seus livros mais rápido e diretamente na internet, em uma das livrarias on-line com o maior crescimento no mundo! Produção que protege o meio ambiente através das tecnologias de impressão sob demanda.

Compre os seus livros on-line em
www.morebooks.shop

Printed by Books on Demand GmbH, Norderstedt / Germany